AF619717

TRAITÉ
SUR
LES PAREMENTS
ET ENCOLLAGES
DES TISSERANDS.

Conserver la santé des ouvriers tisserands, être utile au Commerce, à l'Agriculture, aux Arts et à l'Industrie manufacturière, voilà le but de ce travail.

TRAITÉ

SUR

LES PAREMENTS

ET ENCOLLAGES,

DONT L'EMPLOI PERMET AUX TISSERANDS DE TRAVAILLER AILLEURS QUE DANS LES CAVES ET AUTRES BAS-FONDS NON ÉCLAIRÉS ET GÉNÉRALEMENT MAL-SAINS ;

PAR M. DUBUC, CHIMISTE,

ANCIEN PHARMACIEN A ROUEN,

MEMBRE DE L'ACADÉMIE ROYALE DES SCIENCES DE LA MÊME VILLE, DU CONSEIL D'AGRICULTURE INSTITUÉ POUR LE DÉPARTEMENT DE LA SEINE-INFÉRIEURE, CORRESPONDANT DE LA SOCIÉTÉ ROYALE DE MÉDECINE DE PARIS, ETC.

ROUEN,

IMPRIMERIE DE NICÉTAS PERIAUX,

RUE DE LA VICOMTÉ, N° 55.

1829.

AVANT-PROPOS.

Le titre donné à cet ouvrage indique déjà quel en est le but principal; néanmoins l'auteur croit nécessaire d'expliquer succinctement les différents motifs qui l'ont déterminé à le faire imprimer : d'ailleurs cet exposé mettra le lecteur plus à même d'en apprécier l'ensemble comme l'utilité.

En 1820, M. Dubuc présenta à l'Académie de Rouen un Mémoire qui fut imprimé la même année dans le Recueil des travaux de cette Compagnie; ce travail avait pour titre : « *De l'Encollage des étoffes ou toileries au moyen* « *de diverses espèces de parements, etc.* ».

Son but était, au moyen de ces nouveaux parements, de procurer aux tisserands la faculté de travailler de leur état ailleurs que dans les caves et autres bas-fonds, frais, froids, mal éclairés et généralement mal-sains.

Ce fut ce Mémoire que M. Dubuc envoya, en 1827, avec quelques corrections et additions, à l'Institut royal de France.... Ce Mémoire, qui a valu à l'auteur, en 1829, le prix Montyon, de la part de ce corps illustre, formera la première partie de l'ouvrage qu'il va offrir au public.

En 1822, il s'occupa encore du même objet en faisant, sur l'invitation de l'Académie de Rouen, de nombreux essais pour obtenir des parements de deux espèces de graines de riz exotique qu'on voit dans le commerce. Cet autre ouvrage est peu connu des fabricants : néanmoins on y trouve diverses recettes pour faire, avec cette graine, ou la farine médullaire qu'elle produit, des encollages excellents, d'un blanc superbe, très-adhésifs, dont l'usage permet aussi aux tisserands d'établir leur métier au-dessus du sol, et même de travailler *à ciel ouvert*, comme cela se pratique aux Indes et à la Chine, par les ouvriers passementiers.

Ce second ouvrage, avec de nouvelles additions, fera également partie du traité sur les parements.

Un troisième objet a dû encore fixer notre attention dans ce traité. Nous avons cru qu'il était indispensable d'y bien déterminer la nature et la composition du muriate de chaux sec à employer pour obtenir des encollages toujours identiques dans leurs effets et sans action réelle sur les tissus de toutes espèces.

Nous avons donc indiqué la meilleure méthode pour préparer ce sel, ainsi que ses principales propriétés chimiques, de manière qu'on pourra toujours le distinguer du nitrate calcaire, du chlorure de chaux ou *poudre de blanchîment*, et autres sels terreux dont l'emploi est nuisible à la bonté des encollages.

Enfin, ce travail sera terminé par une courte notice *chimico-géorgique* sur l'emploi du muriate de chaux liquide ou à l'état sec, en agronomie. Nous croyons que cette notice sera lue avec intérêt par tous ceux qui s'occupent de la plus belle et la plus utile des sciences... *l'agriculture*.

Nous eussions pu donner une plus grande extension à ce Traité, puisqu'il n'existe aucun ouvrage complet, que nous sachions, en ce genre : mais, d'autre part, nous le croyons suffisamment étendu dans ses différentes parties, pour atteindre l'objet exprimé par l'épigraphe mise en tête de ce volume ; de l'autre, afin de ne pas en rendre le prix trop élevé : cette dernière considération s'explique d'elle-même.

Ainsi, et d'après ce qui précède, ce Traité sera divisé en trois sections principales, et terminé par une dissertation sur le sel muriatique calcaire, considéré comme engrais des terres, ou comme stimulant végétatif, etc., etc.

Institut de France.

ACADÉMIE ROYALE DES SCIENCES.

LETTRE

DE M. LE BARON FOURIER,

SECRÉTAIRE PERPÉTUEL DE L'ACADÉMIE.

Paris, le 10 juin 1829.

LE SECRÉTAIRE PERPÉTUEL DE L'ACADÉMIE,

A M. DUBUC, ancien pharmacien à Rouen, membre de l'Académie de cette ville, etc.

Monsieur, j'ai l'honneur de vous prévenir que, dans sa séance publique annuelle de lundi prochain 15 juin, l'Académie royale des Sciences fera la distribution des prix qu'elle a donnés cette année; je vous invite à vous trouver à cette séance pour recevoir la médaille d'or du prix fondé par Monsieur le baron de Montyon, en faveur de celui qui aura découvert les moyens de rendre un art ou un métier moins insalubre, et qui vous sera solennellement décernée.

Je saisis avec empressement, Monsieur, cette occasion de vous offrir mes félicitations personnelles, en vous témoignant tout l'intérêt que l'Académie prend à vos travaux et à vos succès.

La présente lettre vous servira de billet d'entrée, afin que vous puissiez être placé convenablement.

Agréez, Monsieur, l'assurance de ma considération très-distinguée.

Bon FOURIER.

AVERTISSEMENT.

L'AUTEUR croit devoir insérer en tête de son ouvrage les deux pièces suivantes ; ces titres sont la meilleure garantie qu'il puisse offrir au public, concernant l'utilité de son travail sur les parements et sur l'efficacité des procédés qu'il renferme.

PRIX

Fondé par M. de Montyon,

En faveur de celui qui aura découvert les moyens de rendre un art ou un métier moins insalubre.

« L'Académie a reçu six pièces pour le concours de ce prix, dont trois ont le même objet ; savoir : de rendre l'art du tisserand moins insalubre, en donnant à l'ouvrier qui le pratique le moyen de travailler, non plus dans les caves que l'humidité d'une atmosphère stagnante et le défaut de lumière rendent si mal-saines, mais dans les lieux secs que le soleil éclaire et où l'air se renouvelle.

« Le travail le plus ancien sur cet objet est celui de M. Dubuc, pharmacien à Rouen. Il fut publié en 1820, et en 1827 l'auteur l'adressa à l'Académie. La Commission, en le mentionnant honorablement, ne pensa point que la question fût assez éclairée pour que ce travail pût être couronné ; elle proposa de différer jusqu'à l'année suivante, afin de se procurer tous les renseignements nécessaires sur la composition des meilleurs parements employés dans nos manufactures. Le parement de M. Dubuc est très-simple et peu coûteux à préparer; il est très-blanc, ce qui permet de l'employer pour tisser toutes sortes de toiles. En outre, ses avantages sont constatés par des certificats d'un assez grand nombre de tisserands, par M. Houtou La Billardière, qui a professé, à Rouen, la chimie appliquée aux arts; par M. Gréau, manufacturier à Troyes, qui l'a employé avec succès dans son établissement : enfin, par une circulaire du Préfet de la Seine-Inférieure, qui en recommande l'usage à ses administrés.

« En conséquence, l'Académie, sur la proposition de sa Commission, a décerné à M. Dubuc un prix de *trois mille francs*, (avec une médaille en or), pour avoir répandu, le premier, l'usage d'un parement économique, et qui contribue beaucoup à rendre l'art du tisserand plus salubre. »

TRAITÉ

SUR

LES ENCOLLAGES.

PREMIÈRE SECTION[1].

PARMI les nombreux établissements dont s'enorgueillit à juste titre la belle Normandie, mais spécialement la ville de Rouen et ses environs, il en est qui méritent une attention particulière par l'influence qu'ils exercent sur la santé des ouvriers qu'on y emploie ; je veux parler de ces nombreuses fabriques où se confectionnent toutes les étoffes ou toiles connues dans le commerce sous le nom de *Rouenneries*.

---

[1] Cette section est extraite, en grande partie, du Mémoire imprimé, en 1820, dans les Actes de l'Académie de Rouen, mais avec des changements notables que le temps et l'expérience ont suggérés à l'auteur de ce Mémoire.

C'est une opinion reçue parmi les chefs de ces établissements que la fabrication de leurs marchandises, pour être de bonne qualité, ne peut avoir lieu que dans des localités sombres, fraîches, et à l'aide d'un encollage composé ordinairement de farine et d'eau, auquel les ouvriers donnent le nom de *parement*.

Le désir d'être utile à cette classe nombreuse de tisserands, et de les exhumer en quelque sorte des bas-fonds souvent mal-sains où ils sont forcés de rester une partie de leur vie par la nature de leurs travaux, m'a déterminé à m'occuper,

1° De la composition des parements en usage dans les ateliers, et des effets qu'ils produisent par leur application sur les fils blancs et sur les fils teints en toute couleur, avant la course de la navette, pour la confection des étoffes ou toileries;

2° A déterminer ou essayer si, au moyen d'un encollage légèrement *hygrométrique*, mais sans action sur les *tissures*, on pourrait fabriquer les articles de *Rouennerie* (et toutes autres espèces d'étoffes), bien conditionnées, ailleurs que dans les caves ou autres endroits analogues;

3° A donner différentes recettes économiques,

mais simples, pour la confection d'un encollage *frais* qui se conserve long-temps et possède en outre toutes les autres qualités que les tisserands attribuent à un bon parement, ou *parou*[1].

Je vais traiter en détail chacune de ces propositions, et faire de mon mieux pour remplir la tâche que je me suis imposée en entreprenant cet ouvrage.

Je finirai ce travail par des réflexions générales sur la fabrication des étoffes dans les bas-fonds. Ces réflexions seront elles-mêmes suivies d'expériences, dont le résultat prouve jusqu'à l'évidence qu'on peut confectionner en bonne qualité les articles dits *Rouenneries*, au-dessus du sol, avec les nouveaux parements.

Je ne sache pas que cette partie de l'industrie manufacturière, ou l'encollage des fils et des chaînes avant la course de la navette, ait été jusqu'à ce jour traitée avec les soins qu'elle mérite. C'est encore pour l'ouvrier une sorte de secret que la préparation d'un bon parement; aussi en remarque-t-on de plusieurs espèces dans les ateliers. Souvent ils diffèrent, soit par le goût,

---

[1] Dans quelques contrées, on désigne l'encollage des étoffes sous le nom de *parou*.

soit par l'odeur, la couleur, etc.; les uns sont plus visqueux que les autres; ceux-ci sont additionnés d'un mucilage végétal, ceux-là de gélatine animale, d'autres de suif, de sel ordinaire, etc. La base de tous ces encollages est toujours la farine des céréales, et parfois leur amidon.

On conçoit que le mélange de ces différentes substances avec la farine peut modifier l'effet de ces encollages et les rendre plus ou moins propres et parfois dangereux à la confection des étoffes. En conséquence, en partant de ces divers renseignements, je vais m'occuper des objets énoncés dans mes propositions, et si de leur solution il pouvait en émaner quelque chose d'utile au commerce, à l'industrie, et surtout à cette classe de tisserands dont les travaux concourent si puissamment à la prospérité de cette grande ville et des contrées qui l'avoisinent, j'aurai atteint le but que je m'étais proposé.

Première proposition ou question.

Que veut l'ouvrier lorsqu'il enduit d'une couche de colle ou de parement les fils avant et durant la course de la navette, pour fabriquer les toiles et les étoffes de toutes couleurs connues vulgairement sous le nom de *Rouenneries?*

Nous croyons que cette opération a pour but, 1° de donner à la chaîne ou aux fils qui la composent une sorte de moelleux et d'élasticité, en les pénétrant légèrement et en augmentant leur volume. Ces dispositions dans l'ensemble de la tissure permettent aux fils de s'appliquer plus uniformément et plus exactement les uns aux autres par le mécanisme du métier, et donnent aux étoffes des qualités et *le coup d'œil marchand* qu'elles n'auraient jamais sans un encollage préalable.

2° Le parement sert encore pour rabattre le duvet dont les fils ne sont jamais exempts; ils contribuent, l'un et l'autre, par leur superposition, à donner de l'intensité et de la force aux tissus, etc.... Ce *paré* (expression de tisserand), pour être bien fait, exige de l'attention et une sorte d'intelligence de la part de l'ouvrier; l'encollage qu'on y emploie doit être lisse, bien homogène ou sans grumeaux, ni trop humide, ni trop sec, de manière qu'il puisse se diviser complètement dans les brosses, pour être ensuite appliqué en tous sens sur la partie de la chaîne destinée à être mise à l'œuvre.

Enfin, un parement bien appliqué, disent les tisserands, donne de la force aux fils, empêche qu'ils ne se rompent, le *va-et-vient* des lames et les mouvements du métier se font mieux, la chaîne présente un plan plus uni pour la course de la navette, toutes dispositions qui contribuent singulièrement à la beauté, à la qualité et à la bonne confection des tissus, quelle qu'en soit la base.

Tels sont les principaux effets produits par l'encollage sur les chaînes ourdies avant leur conversion, sur le métier, en marchandises de toute nature.

Je vais maintenant traiter de la deuxième et de la troisième proposition.

Deuxième et troisième questions ou propositions.

Peut-on espérer, au moyen de parements légèrement hygrométriques, fabriquer les toiles et les marchandises désignées sous le nom de *Rouenneries* ailleurs que dans les caves ou autres localités analogues, et, par ce moyen, éviter aux tisserands les dangers où les expose une résidence trop prolongée dans des lieux sombres, frais, froids et humides, et où ils acquièrent souvent des infirmités dans un âge encore peu avancé [1] ?

La solution de ces deux autres questions serait, sans doute, de la plus haute importance, et j'aurais cru rendre un service signalé à mon pays et à l'humanité, si j'avais assez de données sur l'efficacité des encollages dont je vais indiquer la composition, pour affirmer que, par leur emploi, l'ouvrier pourra désormais travailler *sur des métiers établis au-dessus du sol ;* mais je croirais manquer à la prudence, si j'annonçais la bonté d'un moyen dont l'efficacité n'est pas encore démontrée d'une manière affirmative.

Depuis quelque temps [2] on a annoncé, dans divers journaux, une sorte de parement qui semblait réunir toutes les qualités pour atteindre le but philantropique dont nous nous occupons; déjà les tisserands devaient, par son emploi, déserter les lieux souterrains pour établir leurs métiers dans des étages plus élevés.

---

[1] On a de nombreux exemples que le tisserand qui travaille dans les caves est vieux à 50 ans.

[2] En 1820, époque où ce Mémoire fut imprimé dans le Précis des travaux de l'Académie de Rouen.

Cet encollage se prépare avec la farine qu'on obtient de la semence d'un gramen qui semble originaire des îles Canaries. Maintenant cette plante est indigène en France, et connue des botanistes sous le nom de *phalaris canariensis*, ou alpiste ; c'est le *millet long des grainetiers*.

Il paraît assez bien démontré que cette farine possède les précieux effets qui lui ont été attribués par les journaux et par les ouvrages périodiques qui en ont successivement rendu compte.

J'ai fait essayer à diverses reprises l'encollage préparé avec la farine extraite de cette graine venant directement des Canaries, ou avec celle tirée de la semence de la même plante que j'ai cultivée aux environs de Rouen : l'une et l'autre ont donné un parement doux au toucher, long, moelleux, qui se divise bien sous les brosses, et s'étend parfaitement sur les fils, auxquels ils donnent l'uni, la souplesse et la force convenables à une bonne et prompte manipulation des étoffes ; mais, à côté de ces utiles qualités reconnues dans le parement que donne la graine de millet long, viennent s'opposer deux obstacles qui contrarient singulièrement son emploi par les tisserands.

Le premier de ces obstacles résulte du prix trop élevé de la farine de phalaris, comparé à celui de la farine de blé ou de seigle dont se servent assez généralement les *passementiers* pour faire leur encollage..... La première farine, en supposant, année commune, la graine d'alpiste à 30 fr. les 50 kilogrammes, revient, par la soustraction de la balle et du cariopse épais qui la recouvrent, et par le déchet qu'elle éprouve au moulin ou sous le pilon, à 50 cent. la livre au moins, tandis que celle de froment ne coûte guère, année commune, que 4 à 5 s., et donne, *à poids égal*, étant bouillie avec l'eau, autant et même plus de parement que celle de *millet long;* et comme tout doit être économie dans la manutention des étoffes, l'ouvrier adoptera difficilement l'emploi d'un *parement* dont le prix tend à élever celui de la marchandise et à diminuer le salaire qui lui est accordé pour le fabriquer.

Le deuxième obstacle qui s'oppose encore à l'usage du phalaris dans les ateliers, et le plus difficile à vaincre, tient à la nature même de cette graine; la farine qu'elle produit donne, par sa cuisson avec l'eau, un parement d'un gris terne, quelquefois jaunâtre, dont l'application nuance désagréablement les étoffes à fond blanc, et nuit à leur vente, sans pourtant en détériorer la qualité.

Un autre défaut attribué à ce parement provient de ce que la farine d'alpiste n'est jamais exempte d'une portion de l'écorce de la graine qui la produit. Cette espèce de son n'étant pas soluble dans l'eau, reste interposé dans l'encollage, forme de petites aspérités sur les fils, et en occasionne souvent la rupture par le mouvement du métier (1); mais avec du soin, et en donnant, *disent les ouvriers*, quelques *coups de brosse* de plus au *paré*, un instant après qu'il est fait, on parvient à le rendre uni et presqu'exempt de ce corps étranger, qui s'en sépare assez facilement.

Après avoir examiné et décrit avec soin les propriétés du *parement* préparé avec la farine de phalaris, je me suis déterminé à faire l'analyse de cette farine, afin de reconnaître à quoi sont dues les qualités hygrométriques, le moel-

---

(1) Les graines d'alpiste et de sorgo sont recouvertes, outre la balle, d'un péricarpe ou cariopse ligneux, noirâtre, qui détériore leur farine et colore le parement qu'elle produit.

leux et la couleur qu'elle donne à l'encollage qu'on en prépare par sa cuisson avec l'eau, propriétés qui la distinguent essentiellement de la farine de blé et autres matières employées par les tisserands pour la composition de leurs encollages.

Je ne rapporterai pas les essais et les expériences assez nombreuses que j'ai faites pour analyser la farine du *phalaris canariensis :* je crois seulement utile d'affirmer que cette farine contient, *de plus que les farines des autres céréales*, une quantité notable de muriate ou d'hydro-chlorate de chaux et un principe gommo-résineux colorant, d'une saveur amère et styptique, et que c'est à ces deux principes qu'on peut attribuer les qualités hygrométriques, la couleur grise et terne des encollages qu'elle produit, et qui les distinguent si particulièrement de ceux préparés avec la farine de froment ou avec les fécules amylacées extraites du blé, de l'orge, des pommes de terre, etc.

J'ai également analysé la farine provenant du sorgo ou millet rond, *milium vulgare*, qui donne aussi un bon parement pour les tisserands. Cette farine contient, comme celle du millet long, ou alpiste, du muriate de chaux et un principe colorant. J'ai cru seulement devoir en faire note pour démontrer son analogie avec celle du phalaris, et indiquer qu'elle peut entrer en concurrence avec cette dernière, pour la confection des encollages servant à fabriquer des tissus colorés, si jamais le prix des farines provenant de ces deux espèces de gramen devenait assez modique pour en permettre l'usage dans les manufactures. Néanmoins, ici, nous devons faire observer que l'encollage préparé avec les farines d'alpiste ou de sorgo, sans addition de muriate de chaux, n'est pas encore assez hygrométrique pour laisser la faculté au tisserand de travailler au-dessus du sol, mais qu'on atteint ce but, d'après nos essais, en ajoutant de quatre à six gros de ce sel (muriate de chaux) sur chaque livre de ces deux farines.

Ce parou de farine d'alpiste se fait de la même manière que celui préparé avec la farine de blé. (*Voir* page 14).

Après avoir découvert, par l'analyse, les principes qui établissent les différences qu'on remarque entre le parement préparé avec les farines du millet long et rond et celui fait avec la farine de froment, j'en ai tiré cette conséquence; savoir :

« Qu'en donnant aux parements confection-
« nés avec la farine de blé, ou autres farines
« blanches, une certaine propriété *hygromé-*
« *trique*, on parviendrait à en obtenir des en-
« collages de même nature que celui que donne
« le *phalaris canariensis*, et sans en avoir les
« défauts ni les inconvénients. »

En conséquence, j'ai préparé et fait préparer, pendant plus d'une année, des parements avec diverses sortes de farines ou fécules, telles que celles de froment, de seigle, de pommes de terre, l'amidon ordinaire, dans lesquels on a ajouté du muriate de chaux et autres matières convenables. Tous ces encollages ont été successivement éprouvés par des ouvriers intelligents, et j'en ai assez suivi l'emploi pour affirmer qu'ils égalent au moins en bonté le parement obtenu du *phalaris canariensis*, et qu'ils réunissent encore, au précieux avantage de se conserver long-temps, celui de pouvoir être employés au tissage des étoffes de *toutes couleurs*, sans nuire à leur qualité.

Voici les recettes de plusieurs des parements ou encollages que je viens d'indiquer, dont l'emploi pourra servir à la solution des deux dernières questions insérées en tête de ce mémoire, et qui possèdent en outre la propriété de se garder plus de deux mois sans se gâter, ni fermenter.

ENCOLLAGE, PAREMENT ou PAROU
N° 1,

Préparé avec la farine de blé ou de seigle et le muriate de chaux, et dont l'emploi permet aux tisserands de travailler au-dessus du sol.

Prenez une livre *marc* de l'une ou l'autre de ces farines; délayez-la avec soin dans environ quatre litres ou pintes d'eau (on ne met que trois pintes d'eau si c'est de la farine de seigle ou si la farine de froment n'est pas de première qualité); faites cuire à petit feu, mais au bouillon, pendant un quart-d'heure au moins, en agitant continuellement pour éviter que le mélange ne brûle ou ne roussisse, ce qui nuirait à la bonté et au moelleux du parement. Retirez alors la chaudière du feu, et ajoutez-y une once ou 32 grammes de muriate de chaux[1] préalablement fondu dans une demi-verrée d'eau (quatre à cinq cuillerées); agitez fortement le tout ensemble pendant cinq à six minutes pour bien incorporer le sel au parement, puis déposez-le dans un pot de terre ou de grès, bouché ou couvert. On peut s'en servir aussitôt qu'il est refroidi. Cette dose rend ordinairement, quand la farine est de première qualité, près de six livres marc de *parou*. Ici on observe que si ce parement se ramollissait trop à la longue, ce qui peut arriver dans les temps très-humides, il suffirait alors de le faire bouillir de nouveau pendant quelques minutes, pour lui faire reprendre sa première consistance[2].

---

[1] Quand la farine de froment est de première qualité, ou que le temps est très-sec, on peut mettre, sans inconvénient, dix gros de muriate, au lieu de huit, par livre de cette farine.

[2] Le ramollissement de cet encollage est très-rare, surtout si on le conserve dans un vaisseau couvert; mais, dans tous les cas, les fils et les chaînes qui en sont empreints n'en sont pas altérés et peuvent être mis à l'œuvre dans les temps les plus humides, par l'ouvrier, et dans toutes sortes de localités au-dessus du sol. Les étoffes fabriquées avec ce parement ne se *piquent* jamais, et ne s'altèrent aucunement, étant gardées en magasin.

Propriétés de ce parement.

Etant ainsi préparé, ce parement est d'un beau blanc, doux au toucher, exempt de grumeaux, s'étend très-bien sur les brosses et mieux encore sur les fils ; il donne à la *chaîne* le moelleux, la souplesse et les autres qualités qui favorisent le travail de l'ouvrier, et la bonne confection de toutes sortes d'étoffes où son emploi est indispensable.

PAREMENT N° 2,

Préparé avec la fécule de pommes de terre, la gomme arabique et le muriate de chaux, et pouvant servir au même usage que le précédent.

Prenez : farine ou fécule de pommes de terre, une livre *marc ;* gomme arabique en poudre, dix gros. Délayez l'une et l'autre dans quatre pintes d'eau ; faites cuire pendant vingt minutes ; ajoutez-y une once de muriate de chaux ; agitez fortement le tout (aussi pendant cinq à six minutes), et conservez l'encollage dans un vase de terre ou de grès, bouché ou couvert.

Ce parement, d'un blanc superbe, possède toutes les qualités du précédent; seulement, et quand il n'est pas bien cuit, il s'en sépare un fluide aqueux : mais on le rétablit dans toutes ses propriétés en l'agitant fortement avant son emploi, ou mieux encore en le faisant bouillir de nouveau pendant quelques minutes.

PAREMENT N° 3,

Préparé avec la farine de pommes de terre et l'amidon ordinaire tiré des céréales, blé, orge, seigle, auquel on ajoute, en place de gomme, une matière gélatineuse-animale.

On verse environ deux pintes d'eau bouillante sur deux onces ou soixante-quatre grammes de râpures de corne de cerf ou d'ivoire bien divisées ; on couvre le vase; on laisse infuser dans les cendres chaudes l'espace de vingt-quatre heures, puis on fait bouillir pendant quinze à vingt minutes, et on coule : ensuite on délaie une livre de fécule de pommes de terre ou d'amidon ordinaire dans deux litres et demi d'eau ; on y ajoute la décoction de corne de cerf, et on procède à la confection du pare-

3

ment, en prenant les précautions ci-dessus indiquées. On retire le vase du feu, on y mêle exactement une once de muriate de chaux, et l'on conserve pour l'usage, dans un vase couvert.

Cet encollage (très-estimé des tisserands), est d'une blancheur éclatante, et peut servir à la confection de toutes sortes de tissus fins et dont la chaîne est très-serrée; mais il convient spécialement pour les blancs complets, pour les étoffes où le blanc domine, ou pour les tissus en soie.

On peut mettre, en place de corne de cerf ou d'ivoire, une once de belle colle forte, ou colle claire dite d'Alsace, préalablement fondue dans trois verrées d'eau; on obtient aussi, par cette méthode, un beau et bon parement.

Ici il est essentiel de faire observer aux consommateurs que l'addition de ces corps étrangers aux farines et fécules n'augmente pas sensiblement le prix des parements[1]. Il est

---

[1] Les dix gros de gomme arabique valent à-peu-près 10 c., la râpure ou la colle claire environ chacune 8 c., le sel 10 c., la farine de pommes de terre 15 à 20 c. D'après ces données assez exactes, il est aisé

encore bon de noter, avant de passer au résumé de cet ouvrage, que l'amidon ordinaire, celui de pommes de terre, même la farine d'orge, produisent bien par leur décoction prolongée avec l'eau seule, une sorte d'encollage, mais que cet encollage, d'ailleurs trop siccatif, *disent les ouvriers*, est loin d'avoir le moelleux et les qualités de ceux dont nous venons de donner la composition.

Il résulte de ce travail, et des observations qu'il renferme,

1° Que le parement grisâtre et quelquefois jaunâtre que donnent les farines provenant de la graine de millet long et rond, quoiqu'étant de bonne qualité, ne peut guère servir qu'à l'encollage des étoffes à fonds rembrunis, puisqu'il est prouvé que ce parement nuance désagréablement les tissus à *fond blanc*, et nuit à leur prix marchand;

---

d'en conclure que le parement préparé avec la farine dite de santé, ne reviendra pas à plus cher que celui confectionné avec la belle farine de blé, en supposant, année commune, cette dernière à 5 ou 6 s. la livre.

2° Que ce même parement, outre le défaut qu'il a de ternir les marchandises *à fond blanc*, revient à un prix trop élevé pour en permettre l'usage journalier aux *tisserands* ;

3° Qu'on obtient à *un prix modéré*, de la belle farine de froment[1], en l'additionnant de muriate de chaux, un parement qui ne le cède ni en qualité, ni en bonté à celui que donne la farine du *phalaris canariensis*. Ce parement, vu sa blancheur, offre en outre le précieux avantage de pouvoir servir à l'encollage des toiles ou étoffes de toutes couleurs ;

4° Que la fécule de pommes de terre peut, comme la farine de blé et l'amidon ordinaire, servir à la préparation d'un parement économique et de bonne qualité, surtout si on l'additionne d'une substance gommeuse ou gélatineuse animale et de muriate de chaux ; que cet encollage pourra en outre suppléer, en temps de disette, celui que donnent la farine de froment et les autres farines nutritives ou ali-

---

[1] La farine de seigle donne également un bon encollage : mais sa couleur est généralement plus terne que le parement fait avec la farine de froment.

mentaires destinées spécialement à la nourriture des hommes.

Après avoir décrit l'effet de l'encollage sur les fils destinés à la fabrication des marchandises connues sous le nom de *Rouenneries*, et indiqué plusieurs procédés pour composer des parements *hygrométriques* et analogues à celui que donne la farine du *phalaris canariensis*, il reste à déterminer si ces sortes d'encollages maintiennent assez long-temps la fraîcheur, la souplesse et le moelleux à la chaîne, pour permettre à l'ouvrier de travailler ailleurs que dans les caves, et d'y confectionner des étoffes de garde d'aussi bonne qualité et aussi *marchandes* que celles fabriquées sous terre.

Si l'on ajoutait une parfaite croyance à ce qui a été publié depuis quelques années dans le Bulletin de la Société royale d'encouragement pour l'industrie nationale, et par suite dans d'autres ouvrages périodiques, cette question serait résolue, puisque le *parement ou encollage que donne la farine du phalaris canariensis posséderait toutes ces précieuses qualités*, et que son emploi laisserait désormais aux tisserands la faculté d'établir leurs métiers dans toutes sortes de localités.....

On publia aussi, en septembre 1819, dans le n° 3 du Mémorial d'agriculture et d'industrie du département de la Seine-Inférieure, et auparavant dans d'autres journaux, « que, le parement préparé avec la graine du « phalaris ne se desséchant pas aussi subite- « ment que celui de la farine de blé, le tis- « serand qui l'emploie sera libre d'habiter un « atelier plus salubre, en y travaillant avec « plus de perfection et de profit....» On ajoute: « Les essais entrepris en grand dans les manu- « factures d'Erfurt, et dans les états prussiens « en général, ont confirmé la supériorité de « la colle de farine de Canarie pour les tissus « fins. On croit pouvoir l'attribuer à une plus « grande affinité hygrométrique pour l'eau, « comparativement à la farine de froment, « etc[1]. »

J'avouerai que tant d'autorités m'avaient presque convaincu de l'efficacité de ce pare-

---

[1] Nous avons fait voir ailleurs que le frais que conserve le parement était principalement dû à une petite quantité d'hydro-chlorate de chaux que contient naturellement la farine extraite de la graine d'*alpiste*, venant des Canaries, ou même récoltée en France.

ment ; mais, accoutumé à méditer sur l'importance et les avantages d'un assez grand nombre de découvertes d'abord vantées comme infaillibles, et dont les résultats n'ont que trop souvent trompé l'espérance de ceux qui les ont mises en pratique, je me déterminai à en faire faire les essais rapportés dans ce Mémoire, *essais qui démontrent que l'encollage du phalaris, outre son prix trop élevé, ne peut servir que pour la confection des étoffes à fonds rembrunis*, etc ; mais, comme je l'ai dit plus haut, il reste à déterminer si les parements que j'ai indiqués donneront les qualités convenables aux fils de toutes couleurs qui composent les chaînes pour être mis en œuvre avantageusement ailleurs que dans les caves et autres bas-fonds. D'excellents fabricants, que j'ai consultés à ce sujet, semblent pencher pour la négative ; ils fondent leur opinion sur ce que les fils qui composent les chaînes, par leur séjour dans des lieux sombres, frais et d'une température presque toujours égale, s'y gonflent, deviennent plus poreux ; d'où il résulte que l'encollage les pénètre plus également, que le duvet s'en rabat mieux, et que la tissure qui en résulte est plus serrée, plus unie, toutes qualités qu'on chercherait en vain si l'ouvrier travaillait dans des lieux secs ou trop froids, et qui concourent en outre, par leur ensemble, à la beauté et à la qualité des marchandises.

Je conviens qu'une longue pratique vient déposer en faveur de l'opinion des fabricants ; mais qui ne sait combien les vieilles habitudes ont d'empire sur nos pensées et sur nos actions? Il paraît donc sage, pour arriver à la solution d'une question aussi importante, surtout dans nos contrées où une immense population est condamnée par état à vivre dans des lieux souvent mal-sains, de faire des expériences comparatives, afin de vérifier « *si les toileries fabriquées au-dessus du* « *sol, et avec les parements composés d'après* « *notre méthode, sont d'une aussi bonne qualité* « *et aussi* marchandes *que celles confection-* « *nées dans les caves et autres lieux souter-* « *rains, avec l'ancien encollage ou avec celui fait* « *de farine et d'eau.* »

Note générale, et conclusion sur l'ensemble de ce Mémoire.

Les expériences comparatives dont on vient

de parler ont été faites par une commission prise dans le sein de l'Académie royale des sciences de Rouen [1]. Il est demeuré constant, par suite de ces expériences, consignées dans un rapport du 9 août 1820, imprimé dans les actes de la même Académie,

« Que les toileries encollées avec les pa-
« rements dans lesquels il entre du muriate
« de chaux, se dessèchent moins vîte que celles
« fabriquées avec la colle ordinaire faite de
« simple farine, et qu'ils donnent en outre
« aux marchandises plus d'onctuosité et *plus*
« *de main* que cette dernière, propriétés qui
« permettent à l'ouvrier de travailler avec
« succès dans les localités élevées au-dessus
« du sol. »

Dans le même rapport, deux des mem-

---

[1] Cette commission, nommée dans la séance du 5 mai 1820, était composée de MM. Pavie, Marquis et Dubuc, qui se sont adjoint, pour faire ces expériences, M. Yvart, filateur et fabricant très-instruit, demeurant à Darnétal-lès-Rouen. Des expériences variées eurent lieu dans différentes localités, et toutes donnèrent un résultat satisfaisant et de nature à permettre au tisserand d'établir son métier dans des lieux sains, éclairés, et de déserter les caves, où il arrive à une vieillesse prématurée, etc.

bres de cette commission croient à la possibilité d'obtenir de la graine du *phalaris canariensis* une farine entièrement purgée de corps étrangers et assez blanche pour en faire, à prix modéré, un parement exempt des inconvénients notés dans ce Mémoire. S'ils réussissent, ce sera un nouveau service qu'ils rendront, en donnant un moyen de plus aux tisserands pour travailler hors les bas-fonds, etc.

Au témoignage de la commission, on peut ajouter celui de M. Dubuc, qui a fait expérimenter en particulier ses encollages, pendant plus de quinze mois, par des fabricants, par des ouvriers intelligents, et dans diverses localités, *avec un succès constant*.

Il est encore resté prouvé, par suite de nombreux essais, que les parements additionnés de muriate de chaux dans les proportions indiquées, n'altèrent en aucune manière les couleurs petit teint et autres, même *à la longue*, qualités qui permettent de les employer indistinctement à la fabrication de toutes sortes d'étoffes, mais particulièrement sur les fonds blancs, auxquels ils donnent un lustre et un coup d'œil qu'on chercherait en vain par l'encollage ordinaire.

Telles sont les observations et déclarations de divers manufacturiers (dont on donnerait les noms au besoin), qui ont été à même d'apprécier ces parements, en les mettant en pratique sur des métiers situés non-seulement au-dessus du sol, mais encore dans des endroits arides ou naturellement très-secs.

Il résulte donc de toutes ces expériences :

1° Que la farine d'alpiste et celle du millet rond ou sorgo ne peuvent être utiles qu'accidentellement pour préparer un encollage à l'usage des tisserands ;

2° Que la belle farine de froment (parement n° 1) ou de seigle, donnent, étant additionnées d'hydro-chlorate ou muriate de chaux sec, un parement qui atteint le but qui fait l'objet principal de cet ouvrage ;

3° Que les encollages cotés n° 2 et n° 3 atteignent également le même but ;

4° Enfin, qu'il est resté prouvé, d'après le rapport fait, en 1820, à l'Académie des sciences de Rouen,

« Que les marchandises fabriquées sur des « métiers établis dans toutes sortes de localités « et au-dessus du sol et avec les susdits encol-

« lages, ne le cèdent ni en qualité ni en bonté
« à celles confectionnées dans les bas-fonds,
« frais et froids, dont le séjour est souvent nui-
« sible à la santé des ouvriers. »

Tel était le but que se proposait l'auteur en entreprenant, il y a plus de dix ans, son laborieux ouvrage sur les parements et encollages pour toutes sortes de tissus, travail qui lui a mérité la noble récompense que lui a décerné l'Institut royal de France, en 1829.

DEUXIÈME SECTION.

PAREMENTS OU ENCOLLAGES

Préparés avec les deux espèces de graine de riz exotique qu'on trouve dans le commerce.

Un ancien négociant de Rouen, M. Le Bouvier, après avoir lu mon premier travail sur les parements, publié en 1820, se rappela avoir vu dans la relation des voyages de Sonnerat aux Indes et à la Chine, imprimé à Paris, en 1782,

« Que chaque matin le tisserand indien « monte son métier en l'accrochant à un ar- « bre, sous lequel il travaille à toute heure « du jour et à toutes sortes de tissus, et qu'il « le démonte au soleil couchant, etc. »

Et comme ce fait paraît hors de doute, non-seulement d'après Sonnerat, mais encore par le témoignage des missionnaires qui ont exploré nombre de fois l'Indostan, il en résulte, ajoutait M. Le Bouvier dans la lettre qu'il écrivait à cet égard à l'Académie de Rouen, que si les Indiens confectionnent leurs toiles en plein vent dans un pays naturellement très-chaud et sec, « ils doivent faire « usage d'un apprêt inconnu en Europe pour « donner aux fils dont la chaîne de leur toile « est composée, la force, la souplesse et l'élas- « ticité convenables, et qui permet par ses « qualités à l'ouvrier de travailler au grand « air. »

Après diverses considérations sur les mœurs, sur les usages des peuples orientaux, M. Le Bouvier ajoutait, dans sa même lettre à l'Académie :

« Et comme il ne croît dans l'Indostan ni blé, « ni seigle, ni pommes de terre, et que les « nombreux habitants de ces vastes contrées « se nourrissent exclusivement de riz, il est « porté à croire que c'est avec cette graine « que le tisserand indou confectionne le pa- « rement *hygrométrique* ou peu siccatif qui « lui sert pour l'encollage des étoffes qu'il « fabrique à *ciel ouvert*. »

Ce fut pour vérifier jusqu'à quel point les assertions de M. Le Bouvier étaient fondées, que je fus chargé, en 1821, par l'Académie de Rouen, de faire des recherches sur la nature du riz, et sur les encollages extraits de cette graine.

Je vais rapporter succinctement les principaux essais que j'ai faits à cet égard, et dont je donnerai les résultats à la fin de cette section de l'ouvrage.

On trouve dans le commerce trois espèces de graines de riz, mondées des balles ou capsules jaunâtres qui les recouvrent au moment de leur récolte.

La première, et qui paraît la plus anciennement connue en Europe, nous vient des Indes orientales.

La deuxième, dite de Caroline, croît aux Indes occidentales, et a beaucoup d'analogie avec la précédente. Seulement elle rend un peu moins de farine médullaire que la première.

La troisième se cultive en Europe, et se vend sous le nom de riz d'Italie, d'Espagne, etc. C'est la moins estimée [1].

On prétend qu'il existe dans l'Indostan une quatrième espèce de riz, connue dans ce pays sous le nom de *Riz rouge*, dont l'exportation

---

[1] Nous n'avons employé que les deux premières espèces à nos opérations.

est soigneusement défendue ; n'ayant pu m'en procurer, j'ignore si l'encollage qu'il produit diffère de ceux que j'ai obtenus des espèces dont je viens de parler. C'est donc avec ces deux premières graines pulvérisées, que j'ai fait les parements qui ont été successivement mis en œuvre par de bons ouvriers tisserands, sur des métiers établis dans toutes sortes de localités, et sur des tissus variés. J'avoue que les premiers essais ne répondirent pas à mes espérances, et faillirent me faire abandonner ce travail ; mais de nouvelles réflexions que je fis, tant sur la nature du riz que sur le mode que j'avais d'abord employé pour la confection de ces encollages, et qui me parut défectueux, me déterminèrent à faire de nouvelles tentatives avec des parements obtenus par les procédés suivants.

PREMIER PROCÉDÉ.

Parements faits avec le riz en poudre, ou avec la farine médullaire de ces graines, extraite par un moyen particulier, etc.

Prenez un kilogramme de riz des Indes en poudre très-fine ; délayez-la avec soin dans huit litres d'eau pure bouillante (l'eau de puits séléniteuse ou impure ne convient pas à cette opération); laissez macérer le tout à une douce chaleur pendant trois heures; agitez souvent ce mélange, afin de faciliter l'action du fluide aqueux sur les molécules du riz; ensuite faites cuire à petit feu, mais au bouillon, pendant vingt minutes, en remuant continuellement, pour éviter que l'encollage ne brûle ou ne roussisse, ce qui nuirait à sa qualité. Alors retirez le vase du feu, et déposez le parement dans un pot de terre ou de grès, couvert [1].

Par le refroidissement, cet encollage prend du *retrait*, devient très-tenace, et adhère fortement aux doigts. Cette forte ténacité, qui pourra trouver son application dans la pratique de quelques arts ou métiers, ne convient que jusqu'à un certain point pour encoller les toileries, surtout pour celles dont les tissus sont fins, délicats et de petit teint.

---

[1] Pour avoir ce *parou* tout-à-fait exempt de grumeaux, il convient de le passer tout chaud à travers une forte toile; mais quand on opère sur des marchandises communes, cette précaution devient inutile.

Néanmoins il est facile à l'ouvrier de lui donner la consistance et le moelleux du parement ordinaire, en l'agitant fortement, et même en y ajoutant un peu d'eau au moment de son emploi, afin qu'il puisse s'étendre avec facilité sous les brosses et sur la chaîne. Mais ce parement, employé seul, est trop siccatif pour permettre aux tisserands de travailler hors des bas-fonds. Cette dernière considération m'a donc nécessité à faire de nouvelles recherches sur le riz et sur sa composition chimique, afin d'en extraire un apprêt moins siccatif, plus moelleux que celui dont je viens de parler, et qui puisse réaliser les conjectures de M. Le Bouvier.

Lors de mes premiers essais avec le riz réduit en poudre, j'avais observé qu'on pouvait, en fractionnant ses produits, en tirer deux espèces de farines qui différaient entr'elles soit par la couleur, soit par le goût, etc. Cette différence est due à la nature même du riz, dont la partie extérieure est plus dure, plus coriace et d'un blanc plus terne que sa partie intérieure. De ces remarques, jointes aux observations antérieures, que j'avais faites sur les propriétés de divers encollages produits par le riz, j'en inférai que si ce grain donne en général deux sortes de farines, ces farines doivent également produire deux sortes d'encollages avec des propriétés diverses. La difficulté consistait à les isoler du grain, et, après plusieurs tentatives pour y parvenir, voici le procédé que j'ai reconnu le meilleur pour l'extraction de ces farines.

Procédé pour obtenir deux sortes de farines de la graine de riz.

On fait sécher du riz pris dans le commerce [1], au moyen d'une chaleur de 25 à 30 degrés, *échelle thermométrique de Réaumur* (trente-cinq centigrades). Cette opération a lieu en étendant par couches minces le riz sur des

[1] Les trois espèces de graines de riz qui se vendent dans le commerce perdent au moins un huitième de leur poids pendant leur dessiccation. Cette diminution est due à l'évaporation de l'humidité ou de l'eau que recèlent ces graines. Sans la dessiccation préalable du riz, on aurait une peine infinie à séparer la partie médullaire du grain de sa partie extérieure ou corticale. J'ai encore observé que le riz, dit *de Caroline*, donnait de plus belle farine que les deux autres espèces de riz dont nous avons parlé.

châssis en toiles claires. Vingt-quatre heures de chaleur suffisent ordinairement pour lui donner le degré de dessiccation convenable pour être réduite facilement en poudre. Dans cet état, on en met une quantité déterminée, un kilogramme par exemple, dans un mortier, puis on le réduit en poudre grossière au moyen d'un pilon; ensuite on passe au tamis fin pour en extraire moitié de la totalité du riz employé, et qu'on met à part. Le résidu peut également, mais plus difficilement, être réduit en poudre et former une farine de seconde qualité. Cette opération pourrait s'opérer en grand dans les moulins ordinaires. C'est, du moins, ce que m'a assuré un meûnier très-intelligent; alors l'opération serait très-simplifiée.

J'obtins, par ce procédé assez simple, basé sur la différence qui existe entre la dureté et la ténacité des parties constituantes du riz, deux sortes de farine, la première d'un blanc mat, douce au toucher et presque soluble en totalité dans l'eau bouillante; c'est le gruau, ou mieux la farine *médullaire* du riz.

La deuxième farine est d'un blanc sale, légèrement verdâtre, âpre et acerbe au goût, ne se dissout qu'en partie dans l'eau chaude, et ne forme jamais, comme la première, une colle bien homogène par sa cuisson avec ce fluide. Néanmoins cette colle peut servir au *paré* des marchandises communes.

C'est donc avec ces deux dernières farines que j'ai préparé des encollages par le procédé ci-dessus indiqué (page 14), et dont je me suis servi pour faire de nouveaux essais. Les quatre tisserands qui les ont successivement employés, sur des métiers établis dans des lieux secs ou frais, ont remarqué que le parement fait avec la farine médullaire du riz était bien supérieur en qualité à celui produit par la farine que renferme la partie extérieure ou corticale de cette graine. Ce dernier est difficile à manier, très-sujet au retrait, trop siccatif[1], tandis que le premier s'étend bien sur les brosses, lisse bien

[1] Tout porte à croire que ce parement acquerrait le moelleux convenable pour les tissus de toutes sortes, si on l'additionnait seulement de dix gros de muriate de chaux par livre de cette farine ; mais je n'en ai pas fait l'essai. Ce dernier parement pourrait servir aux tissus ordinaires, et le premier pour les tissus fins, quelles qu'en soient la chaîne et la trame.

les fils et les tient long-temps frais sans être humides, qualités qui permettent à l'ouvrier de travailler dans toutes sortes de localités. Mais les tisserands rouennais préféreront toujours, disent-ils, le parement de farine de blé ou de seigle pur ou additionné, suivant les circonstances, avec le muriate de chaux sec, comme étant plus facile à préparer, et plus économique que tous les encollages où il entre soit du riz entier, soit du riz en poudre, etc. Ainsi, excepté l'encollage produit par la farine médullaire du riz, tous les autres parements que donne cette graine employée en poudre ne sont ni assez hygrométriques ni assez moelleux pour permettre aux ouvriers de travailler *à ciel ouvert*, même en France, où la température est bien inférieure à celle qui règne aux Indes, à la côte de Coromandel, où, d'après l'ouvrage de M. Sonnerat, les métiers des tisserands sont établis sous des arbres.

De ces observations, ne peut-on pas en conclure que si les Indiens préparent exclusivement leurs encollages avec le riz, cela ne peut avoir lieu qu'au moyen de la farine médullaire que produit cette graine, dont le parement est peu siccatif à l'air [1] ? Ou bien, il faut supposer, avec M. Le Bouvier, qu'ils ont un procédé inconnu des autres nations pour faire un apprêt hygrométrique dont les tisserands se servent dans l'Indostan pour travailler au grand air ; et comme les peuples orientaux ne sont pas communicatifs, et qu'ils écrivent peu, qui sait s'ils ne connaissaient pas avant nous les précieuses qualités du muriate de chaux *sec*, et s'ils ne le mêlent pas, de temps immémorial, aux encollages qu'ils emploient sur leurs métiers champêtres ?

J'ai fait encore une autre expérience sur le même sujet, et dont les résultats tendent de plus en plus à éclaircir la question qui

---

[1] Je ne pourrais affirmer, faute d'en avoir l'expérience, que le parement fait avec la farine médullaire du riz est assez peu siccatif pour permettre à l'ouvrier de travailler *à ciel ouvert ;* pourtant on peut le supposer d'après ses qualités, et surtout d'après l'opinion de plusieurs bons tisserands qui en ont fait l'emploi sur des métiers établis sur un sol aride. Mais on atteindrait complètement ce but (de travailler au grand air) en mêlant seulement une once de bon muriate de chaux sec dans trois kilogrammes de cet encollage.

fut soumise à l'Académie de Rouen par M. Le Bouvier. On a remarqué, par les essais précédents, que les graines de riz des Indes donnent deux sortes de farines, l'une soluble presqu'en totalité dans l'eau bouillante, l'autre ne s'y dissolvant qu'en partie. Cette remarque m'a conduit naturellement à me servir de l'eau simple pour extraire de cette graine toutes les parties qui peuvent lui être enlevées par ce fluide, et en préparer un parement d'une qualité bien supérieure à celui qu'on obtient des farines de riz dont nous venons de parler.

Deuxième procédé pour faire un excellent parement avec la graine du riz entier.

On met à bouillir successivement, et quatre fois de suite, pendant une heure chaque fois, un kilogramme de riz des Indes dans quatre litres d'eau ; les décoctions coulées avec expression seront mêlées, puis réduites à petit feu jusqu'à ce que le fluide prenne, en refroidissant, une consistance gélatineuse. Cette dose rend à-peu-près cinq livres *marc* d'encollage d'un blanc superbe, frais sur les étoffes, les lissant parfaitement, etc., et qui pourrait bien être l'apprêt dont se servent les Indiens pour travailler à *ciel ouvert*. Ce même encollage, additionné seulement d'une once de muriate de chaux, forme un parement, *disent les ouvriers*, bien supérieur par ses bonnes qualités à tous ceux préparés avec la farine de blé, les fécules, etc. [1]

Le résidu de cette opération représente environ le quart du poids total du riz employé. C'est une matière *végéto-animale*, insoluble dans l'eau, de couleur verdâtre étant séchée, siccative et très-inflammable, et bonne à la

---

[1] Outre ses bonnes qualités pour la fabrication de toutes sortes d'étoffes, ce *parou*, dont le prix n'est pas très-élevé ni la préparation difficile, *fait long* (expression de tisserand). Trois livres représentent au moins à l'user quatre livres de parement de farine de blé. Le paré s'en fait vîte, la chaîne est en général plus lisse et le travail plus aisé qu'en employant le parement commun. Tels sont les avantages que cet encollage procure aux ouvriers, ainsi que celui préparé avec la farine médullaire du riz; avantages que nous signalons aux fabricants de tous les pays, et qui seront appréciés par eux, n'en doutons pas, surtout pour les marchandises fines et d'une qualité supérieure.

nourriture des bestiaux. C'est probablement à elle qu'est dû le retrait et la trop grande cohésion du parement fait avec le riz en poudre, qui lui donne en outre la ténacité dont nous avons déjà parlé, et le rend difficile à manier comme encollage des tissus, surtout des tissus fins.

On ne peut se dissimuler que le parement obtenu des graines du riz par décoction, soit pur, soit additionné de muriate calcaire sec, ne convienne parfaitement dans les ateliers établis au-dessus du sol ; mais, comme les précédents, cet encollage exige, pour sa confection, une assez longue manipulation, et son prix est encore trop élevé pour être employé à des étoffes communes. Néanmoins il pourra trouver son application pour les tissus recherchés qui ont pour base les cotons fins, la soie, etc., et qui exigent un encollage très-moelleux et d'une qualité particulière et supérieure au parement ordinaire de nos tisserands. (*Voir* la note de la page précédente.)

NOTE

Sur les parements préparés avec les farines de froment, de seigle, etc., additionnées de mucilages végétaux, de graisse, d'huile, etc.

Je dois encore dire que, depuis la publication de mon ouvrage sur les parements, en 1820, j'ai été invité à en préparer avec toutes sortes de substances farineuses et des fécules, auxquelles on ajoutait des mucilages obtenus des graines de psylium, des pepins de coing, de la racine de guimauve, etc., dans l'intention de leur donner plus de moelleux, plus d'élasticité, et de les rendre moins siccatifs à l'air. Je me suis prêté volontiers à ces essais, quoique je fusse presque convaincu d'avance de leur inutilité. En effet, bon nombre d'expériences ont prouvé que tous les encollages où il entre des mucilages végétaux se gâtent et moisissent promptement, et ont en outre le défaut capital, peu de temps après leur application sur les chaînes, de prendre du *retrait*, et de causer, par cet effet, des aspérités et des inégalités sur les fils, effets qui en occasionnent souvent la rupture dans le travail, si l'ouvrier ne se hâte de finir son *paré*.

Ces inconvénients, particulièrement remarqués par les tisserands dont les métiers sont établis au-dessus du sol, démontrent que les mucilages végétaux sont au moins inutiles dans le parement ordinaire préparé avec les farines de blé, de seigle, ou les fécules.

Les matières graisseuses, huileuses, les résines, et certains sels ajoutés aux parements, ont aussi de grands inconvénients, et gâtent souvent les tissus ; nous en avons eu nombre de fois la preuve en examinant des marchandises fabriquées à l'aide de ces encollages.

Les graisses et les huiles sont d'autant plus dangereuses, même ajoutées en petite quantité aux parements, qu'on ne peut les enlever qu'au moyen d'une lessive ; et il est rare que cette opération ne détériore pas l'étoffe qui en était empreinte, surtout les tissus *faux teint*.

En résumant les expériences et les essais faits sur la graine de riz et la note concernant les parements additionnés de corps étrangers de diverse nature, on voit :

1° Que le riz des deux Indes pulvérisé donne un encollage, par sa cuisson dans l'eau, plus adhésif et comparativement plus siccatif que celui que produit la bonne farine de blé ordinaire, mais dont on peut tirer un grand parti dans certains arts industriels[1];

2° Que le riz contient plus de moitié de son poids d'une farine *médullaire*, excellente à faire des parements pour les tissus fins, etc.;

3° Que le riz donne, par décoction avec l'eau pure, un encollage d'une qualité supérieure à tous les parements dont nous avons parlé; et tout porte à croire que c'est par cette méthode que les tisserands indiens obtiennent l'apprêt dont ils font usage pour *travailler à ciel ouvert ;*

4° Enfin, que les graisses, les huiles, les résines, le sel, l'alun, et même le mucilage de certaines plantes, sont en général plus

---

[1] Il existe bon nombre de professions où l'on a besoin d'une colle très-adhésive et en même temps siccative. L'encollage préparé avec la farine du riz possède éminemment ces deux qualités.

nuisibles qu'utiles dans les parements et *dans toutes sortes* d'apprêts pour les étoffes.

Nous terminerons cette seconde section par les observations suivantes, observations que nous croyons encore de nature à faire partie de ce Traité.

Nous n'avons pas de renseignements aussi positifs à donner sur l'emploi des encollages préparés avec le riz que sur ceux fournis par la farine des céréales indigènes, l'amidon et les fécules; néanmoins les ouvriers qui ont fait usage des parements faits avec la farine médullaire du riz, obtenue par le procédé que nous avons indiqué, et de celui résultant de la décoction de cette graine, sont tous d'accord pour reconnaître la supériorité de ces apprêts sur ceux que donne la farine de blé. Jamais, disent-ils, ce dernier parement n'aura le moelleux, la finesse et l'élasticité de celui retiré du riz, et dont ils firent un usage assez prolongé, spécialement pour confectionner les tissus fins et d'un prix élevé; mais, comme nous l'avons déjà observé, ces encollages exigent de trop grands frais et trop de manipulation pour les préparer, et le tisserand les abandonne par ces motifs. Quoi qu'il en soit, il reste constaté, d'après nos essais, que le riz des Indes donne d'excellents encollages, et d'une qualité supérieure à celui fait avec les farines de froment, de seigle, etc. (*Voir* la note de la page 41.)

Dans les grands établissements ces considérations sont peu importantes, et ne doivent pas repousser l'emploi de ces nouveaux encollages. Les motifs s'en expliquent d'eux-mêmes.

Nous livrons ces remarques aux fabricants, aux tisserands, et à tous ceux qui emploient des encollages dans la confection des étoffes, quelle qu'en soit la nature, persuadés que leur application concourra au progrès et au perfectionnement de l'industrie manufacturière; car il est bien reconnu qu'un parement de première qualité contribue singulièrement à la beauté, au travail, et peut-être à la bonté des tissus en général.

Tant de motifs nous ont donc déterminés à insérer cet autre travail dans notre Traité sur les parements et encollages.

Nous ajouterons que, depuis la publication de notre Mémoire concernant l'encollage tiré du riz exotique, il nous a été adressé plusieurs lettres dans lesquelles on nous félicitait sur l'emploi des parements que cette graine produit; mais on nous assurait aussi que le riz cultivé en Europe possédait les mêmes propriétés que celui venant des Deux-Indes, et donnait également d'excellents encollages pour les tissus; et comme le riz indigène coûte moins cher que le riz étranger, ce dernier motif facilitera l'emploi de cette graine dans nos ateliers de Rouenneries, etc., etc.

TROISIÈME SECTION.

Comme nous l'avons fait remarquer ailleurs, la qualité du muriate de chaux sec, ou presque privé de son eau de cristallisation, doit être toujours la même, afin que ses effets soient également identiques étant employé dans les parements. Nous allons, à cet effet, décrire le procédé le plus simple pour faire ce sel, afin de l'obtenir tel qu'il doit être pour servir dans les encollages préparés avec les farines de nos céréales, des fécules et du riz, dont les recettes se trouvent consignées dans la première et dans la seconde partie de ce Traité. Ensuite nous en indiquerons les principales propriétés chimiques, de manière que le consommateur pourra toujours le distinguer du muriate calcaire impur du commerce, du nitrate de chaux et du sous-chlorure de chaux, *ou poudre de blanchîment*, trois matières qu'on a voulu substituer à notre muriate de chaux dans l'apprêt des parements, mais dont l'emploi n'a servi qu'à induire en erreur ceux qui en ont fait usage.

Le procédé pour faire le muriate de chaux est simple et presque à la portée de tout le monde. Les moyens de le distinguer des substances dont nous venons de parler, et qui nuisent à la bonté des encollages pour tissus, sont également faciles : l'un et l'autre vont être successivement traités.

Nous terminerons ce chapitre par des considérations générales sur l'emploi du muriate de chaux mis à trop forte dose dans les parements dont nous avons donné la composition, mais dont les effets pourront avoir d'utiles résultats pour la fabrication de certains tissus, surtout pour ceux *faux teint* et de *petit teint*.

Procédé pour faire le muriate de chaux sec, servant aux encollages pour la fabrication de toutes sortes de tissus, toileries, etc.

On met dans un vase de grès, ou mieux dans un baril fait de bois blanc : acide muriatique ou esprit de sel du commerce, dix kilogrammes (par exemple); eau pure, cinq kilogrammes. On mêle bien l'eau à l'acide, et il faut que le vase ne soit au plus qu'à moitié plein; alors on ajoute au fluide quatre à six onces de craie ordinaire, ou blanc d'Espagne des boutiques, cassé en petits fragments ; on agite le tout avec une râble en bois. Quand l'effervescence ou bouillonnement a cessé, on continue de mettre de la craie par partie, et en suffisante quantité, pour bien en saturer l'acide, ce qu'on reconnaît à la cessation de tout mouvement tumultueux dans le vase où se fait l'opération, et encore quand la liqueur ne colore plus en rouge le sirop de violette. Alors on filtre à travers un papier gris non collé, posé sur une toile : c'est le muriate ou hydrochlorate de chaux liquide. Ce fluide salin ainsi préparé marque environ vingt-huit à trente degrés au pèse acide; cette dose rend près de neuf livres de muriate de chaux sec[1].

---

[1] Cette quantité peut varier en raison du degré de l'acide employé; mais s'il marque vingt-et-un degrés, et qu'il soit exempt d'acide sulfurique, alors on obtient de la dose indiquée environ neuf livres *marc* de sel, et ce muriate revient, non compris l'usure des vases et les frais de main-d'œuvre, entre seize à dix-huit sous les

Dessiccation du muriate de chaux liquide pour le convertir en muriate sec.

On fait évaporer à gros bouillons ce muriate liquide dans une bassine de cuivre rouge évasée ; vers la fin de l'évaporation, et à l'instant où il se forme une pellicule épaisse sur le fluide , on agite la matière en tous sens avec un pilon ou avec une forte et large spatule en bois, jusqu'au moment où le sel est bien sec et pulvérulent ; puis on le conserve dans des cruches de grès ou de terre hermétiquement bouchées, afin qu'il ne se ramollisse pas en absorbant l'humidité de l'air.

Principales propriétés chimiques de ce muriate de chaux ainsi préparé.

Sa couleur est le blanc mat quand il a été desséché avec précaution. Il est tout-à-

---

seize onces, en supposant le prix de l'esprit de sel à 30 fr. les cent kilogrammes.

Nous ajoutons que tout l'appareil pour fabriquer deux cents livres de ce sel par jour, ne coûte pas 200 fr., et qu'on trouve même dans un grand nombre d'usines tout les vases nécessaires à sa confection.

fait inodore, et il attire fortement l'humidité de l'air. Il se fond complètement dans l'eau avec chaleur, et cette solution n'altère pas sensiblement la couleur du sirop de violette, ni les couleurs bleues végétales; son goût est amer, mais sans âcreté prononcée.

Une once ou trente-deux grammes du même muriate, fondu dans quatre onces d'eau pure, donne quinze à seize degrés de densité à ce fluide, et peut-être pourrait-on remplacer dans le parement une once de muriate de chaux sec par quatre onces de muriate liquide à seize degrés; alors on s'éviterait la peine et les frais de dessiccation de ce sel, avantage notable pour les fabricants: mais je n'ai pas de notions suffisantes pour conseiller cette méthode économique. Néanmoins tout porte à croire qu'elle réussirait.

C'est aux fabricants à faire cet essai, qui d'ailleurs ne peut avoir d'inconvénient. Ainsi ils pourraient substituer quatre onces de muriate liquide à seize degrés, pour remplacer une once de muriate sec dans le parement nº 1, etc.

Telles sont les principales propriétés du muriate de chaux sec, bien préparé, et qui serviront à ceux qui en font l'emploi à le distinguer du sous-bi-chlorure de chaux odorant, matière généralement peu soluble dans l'eau, et qui sert spécialement dans les blanchisseries bertholliennes, mais qu'il serait dangereux d'employer à la confection des parements pour les étoffes.

On trouve aussi dans le commerce du muriate de chaux, souvent mêlé de nitrate calcaire, provenant des fabriques de soude artificielle. Ce sel est rarement pur, et, malgré son bas prix, nous ne conseillons pas aux tisserands d'en faire usage, à moins que sa bonté ne soit reconnue et bien constatée avant son emploi. Néanmoins le muriate de chaux du commerce est excellent pour être employé comme engrais ou stimulant végétatif en agronomie, etc. Nous en parlerons ailleurs.

Dernières considérations et remarques sur l'emploi du muriate de chaux sec par les fabricants, les tisserands, etc.

D'abord les fabricants de toileries et autres tissus pourront trouver étrange le peu de cuisson que nous donnons à nos parements. Mais l'expérience nous a fait renoncer à l'ancien procédé, et nous a appris qu'une coction dans l'eau de la bonne farine de blé, pendant seulement vingt à vingt-cinq minutes, était suffisante pour faire l'encollage où il entre du muriate de chaux sec, et qu'en outre ce parement ou *parou*, ainsi préparé, a une bonne consistance, disent les tisserands, et se conserve long-temps, dans un vase bouché, sans s'aigrir ni se moisir.

D'autre part, un ouvrier de Rouen, très-expérimenté dans son état, ayant par mégarde mis deux onces de muriate de chaux au lieu d'une once pour faire son parement, avec une livre de farine de blé, fut tout surpris d'obtenir de son *paré* des couleurs (sur petit teint) plus belles et plus brillantes à l'œil que d'usage. Un autre tisserand, qui fit le même *quiproquo*, obtint également sur des fonds où le blanc dominait un résultat plus avantageux à la vue qu'en employant le parement ordinaire, sans toutefois que les tissus de ces deux ouvriers en fussent détériorés en aucune manière dans leur qualité ni dans leur ensemble.

Nous rapportons simplement ces faits tels qu'ils ont eu lieu et tels que nous les avons vus et observés, et nous les soumettons en outre à l'investigation et à la méditation des chefs de manufactures, étant persuadés, d'ailleurs, que l'emploi varié du muriate de chaux *neutre*[1] peut amener d'heureux et utiles résultats pour le perfectionnement d'un grand nombre de tissus, car c'est toujours par l'expérience, et souvent par hasard, que toutes les découvertes se sont perfectionnées.

Nous terminerons ce travail, comme nous l'avons indiqué ailleurs, par une notice sur l'emploi du muriate de chaux sec ou liquide en agriculture.

Notice chimico-géorgique.

En 1821, 1822 et 1827, j'exposai, aux regards de l'Académie royale des Sciences de Rouen, bon nombre de plantes : *helianthus* (L.), ou

---

[1] Nous insistons beaucoup sur la qualité de ce sel, car étant mal préparé ou impur, ou n'étant pas desséché convenablement, il pourrait induire en erreur ceux qui en feraient l'emploi, spécialement comme ingrédient destiné à préparer les encollages servant aux tisserands.

tournesol, pommes de terre, campanule, blé de Turquie et autres végétaux, d'un accroissement plus qu'ordinaire, et j'attribuai la cause de cette espèce de *superfétation* végétale à l'emploi du muriate de chaux fondu dans l'eau, dont je m'étais servi pour arroser deux à trois fois la terre où la culture de ces plantes eut lieu [1].

Cette singulière découverte ayant reçu une grande publication dans les ouvrages qui ont rapport à l'économie rurale et à l'horticulture, fut commentée de bien des manières, et cela devait être, car tout ce qui paraît nouveau, ou qui sort de nos habitudes ordinaires, trouve toujours des approbateurs et en même temps des contradicteurs; mais, en définitif, il est resté constant que cette matière salino-terreuse (le muriate de chaux), est maintenant regardée comme un puissant agent végétatif à l'égard de certaines plantes, et que plus

[1] Voir, à cet égard, le Précis analytique des Travaux de l'Académie de Rouen, années 1822 et 1827, où bon nombre d'essais se trouvent rapportés, avec des notes et remarques très-curieuses pour l'agriculture, l'horticulture et l'agronomie.

les fumiers ordinaires en sont empreints, et ils en contiennent presque tous, mieux ils valent pour l'engrais des terres arables, surtout pour les sols où l'argile et le sable dominent.

Lors de la publication, en 1822, de mon premier Mémoire sur l'emploi de cet autre compost en agronomie, j'exprimai fortement le désir d'en voir faire l'essai pratique à la culture du lin et du chanvre ordinaire, *cannabis sativa*, L. Des circonstances particulières m'empêchèrent alors de tenter ces essais; mais, en 1826 et 1827, je les fis, à la vérité sur un terrain exigu et de médiocre qualité. J'y cultivai donc deux petits carrés de chanvre : l'un fut arrosé deux fois avec le fluide végétatif dont je donnerai plus bas la composition, et l'autre simplement arrosé d'eau de pluie.

Le chanvre *muriaté*, et que je présentai à l'Académie de Rouen, avait acquis, le 20 septembre, époque où j'en fis la récolte, un tiers plus d'accroissement et de force dans son ensemble que la même plante cultivée à côté de la première, mais sans influence étrangère.

Les effets *électro-organiques* de cet engrais salino-terreux sont encore, comme tant d'autres, un problème à résoudre en agriculture; aussi, et dans cette vue, plusieurs sociétés savantes, et particulièrement les Académies de Marseille et du Gard, ont-elles proposé des prix qui seront décernés, en 1830, aux auteurs des meilleurs ouvrages qui leur parviendront sur l'emploi de cet autre stimulant végétatif. Ce nouvel engrais convient d'autant mieux dans le midi de la France, que les fabriques de soude artificielle, qui s'y trouvent en grand nombre, produisent des quantités énormes de muriate de chaux dont on ne tirait presque aucun parti avant son usage aux champs.

Déjà le muriate de chaux sec a servi, non sans succès, au chaulage des blés avant leur semaille. Ailleurs des horticulteurs l'ont employé avec avantage, mêlé à petite dose au terreau, pour l'accroissement des plantes d'agrément, etc.

Les uns en font usage dans l'état liquide, les autres en poudre, mais préalablement mêlé avec des matières sèches pour en faciliter la dispersion sur le sol, telles que la sciure de bois, la poudre de charbon, la tannée, la suie, même le gros sable, etc. On met un kilogramme de ce sel sur trois ou quatre kilogrammes de ces matières, et l'on jette ce mélange sur la terre, à l'instar du plâtre employé pour augmenter l'accroissement des plantes trifoliacées, trèfle, luzerne, etc.

Grand nombre d'usines existent en pleine campagne; elles ont souvent pour apanage des terres arables. Les chefs de ces vastes établissements sont donc tout-à-la-fois négociants et agriculteurs, et naturellement portés à tenter toutes sortes d'essais. Ceux sur l'emploi du muriate de chaux en agronomie n'offrent aucun danger; ils ne sont pas dispendieux, leur conviennent particulièrement, et tout porte à croire qu'ils feront des expériences agricoles avec cet autre stimulant végétatif, ne fût-ce que comme objet de curiosité.

Ces expériences doivent avoir lieu spécialement sur des terrains froids, argileux, car les terres où le calcaire et le sable dominent semblent peu convenables, vu leur nature, pour l'emploi de ce genre d'engrais. Les plantes à fleurs crucifères, telles que les *synapis*, les colzas, et tous les végétaux à graines huileuses, lin, chanvre, etc., prospèrent à merveille dans les sols empreints de ce sel. Les cultivateurs zélandais, ceux de Riga, les normands, les bretons, etc., amendent toujours leurs terres avec des algues, varechs et autres plantes marines contenant du muriate de chaux, et en obtiennent des récoltes superbes, surtout en plantes textiles.

Enfin, les produits plus qu'ordinaires fournis par les terrains *muriatés*, semblent expliquer l'éternelle fécondité des terres d'alluvion, surtout de ces plages submergées périodiquement, en Egypte, par le débordement du Nil. On sait maintenant que ce fleuve charrie du muriate et du nitrate calcaires, sels qui, étant réunis au *détritus végéto-animal* laissé sur le sol par la lente retraite des eaux, forment l'excellent engrais qui donne à la terre de ce beau pays (l'Egypte) l'étonnante fertilité qu'on lui connaît de temps immémorial.

On pourrait encore rapporter d'autres exemples concernant l'étonnante propriété du muriate calcaire en agriculture, mais nous craindrions de dépasser les bornes que nous nous sommes prescrites dans la publication de ce Traité.

Nous formons donc des vœux pour voir faire de nouveaux essais avec ce *stimulant végétatif* dans diverses contrées et sur des sols variés, persuadés qu'il en résultera quelques nouvelles découvertes utiles aux progrès de la plus belle des sciences, l'agriculture. Tels sont les motifs puissants qui justifient, nous le croyons du moins, l'insertion de cette notice dans notre Traité sur les parements, quoiqu'elle y paraisse étrangère, vu la nature du sujet qu'on y traite.

Je vais terminer cet ouvrage en donnant la composition du *fluide salin végétatif* dont j'ai parlé ailleurs, et qui servit à faire mes expériences *chimico-géorgiques*, aux années 1821, 1822 et 1827.

Fluide salin végétatif.

On fait fondre deux kilogrammes de muriate de chaux[1] dans cent vingt litres d'eau, en-

---

[1] Celui provenant des fabriques de soude, dont le prix est peu élevé, convient bien en agriculture.

viron douze seaux. Quand le sel est fondu, le fluide doit marquer un degré et demi au moins au pèse sels et acides. C'est avec ce *compost* liquide ainsi préparé que je fis presque tous les essais agricoles qu'on a publiés les années précédentes dans différents ouvrages qui traitent spécialement d'agronomie, d'horticulture et d'économie rurale.

La dose ci-dessus indiquée suffit pour arroser une fois un quart d'arpent de terre (vingt-cinq perches carrées environ), avant d'y semer les graines à plantes herbacées et à menues racines; mais on peut, sans danger, augmenter l'énergie de ce fluide en y mettant un kilogramme de sel de plus, surtout si on le destine à l'arrosement des sols destinés à la culture des végétaux à graines huileuses et autres dont nous avons déjà parlé; en outre, pour le tabac, les rosiers, les dahlias, etc., etc. Ce fut au moyen de ce stimulant *agraire* que j'obtins de mes essais faits en Normandie, dans une année assez froide et brumeuse, des *hélianthus* de plus de quatre mètres d'élévation, des pommes de terre ordinaires pesant près de huit cents grammes, etc., tandis que les mêmes plantes, cultivées dans le même sol, mais sans influence étrangère, avaient un tiers moins de développement et de grosseur, dans leur ensemble, que les *hélianthus* muriatés, etc.

Ici se termine un ouvrage qui, sans doute, n'est pas aussi complet qu'on pourrait le désirer; néanmoins, en le publiant, son auteur croit avoir atteint son but principal, celui d'être utile tout-à-la-fois aux ouvriers, au commerce et à l'industrie [1].

---

[1] L'auteur donnera tous les renseignements qu'on pourra lui demander sur la fabrication et l'emploi du muriate de chaux, soit à l'usage des fabriques, soit comme engrais en agriculture, etc.

TABLE.

Avant-propos, Pag. i.
Avertissement, v.
Lettre de M. le baron Fourier, secr. perpétuel de l'Académie, vij.
Prix fondé par M. de Montyon, en faveur de celui qui aura découvert les moyens de rendre un art ou un métier moins insalubre, ix.

Traité sur les Encollages. — *Première section*, 1.
Première proposition ou question, 4.
Deuxième et troisième questions ou propositions, 6.
Parement préparé avec la farine de phalaris canariensis, ou millet long, 7 et 12.
Considérations sur ce même parement, 8.
Analyse du millet long et rond, 11.
Encollage, parement ou parou n° 1, préparé avec la farine de blé ou de seigle et le muriate de chaux, et dont l'emploi permet aux tisserands de travailler au-dessus du sol, 14.
Propriétés de ce parement, 16.
Parement n° 2, préparé avec la fécule de pommes de terre, la gomme arabique et le muriate de chaux, et pouvant servir au même usage que le précédent, ibid.
Parement n° 3, préparé avec la farine de pommes de terre et l'amidon ordinaire, tiré des céréales, blé, orge, seigle, auquel on ajoute, en place de gomme, une matière gélatineuse-animale, 17.
Résumé de la première partie de cet ouvrage, 19.
Note générale, et conclusions sur l'ensemble de ce mémoire, 24.
Opinion de l'Académie royale des sciences de Rouen, sur les encollages ci-dessus décrits, ibid.

Deuxième section. — Parements ou encollages, préparés avec les deux espèces de graine de riz exotique qu'on trouve dans le commerce, 29.
Premier procédé. Parements faits avec le riz en poudre, ou avec la farine médullaire de ces graines, extraite par un moyen particulier, etc., 32.

9

Procédé pour obtenir deux sortes de farines de la graine de riz, Pag. 35.
Parement avec la farine médullaire du riz, 37.
Considérations sur le parement que donne le riz, 38.
Deuxième procédé pour faire un excellent parement avec la graine du riz entier, et dont l'usage permet de travailler au grand air, 40.
Note sur les parements préparés avec les farines de froment, de seigle, etc., additionnées de mucilages végétaux, de graisse, d'huile, etc., 43.

Troisième section, 49.
Procédé pour faire le muriate de chaux sec, servant aux encollages pour la fabrication de toutes sortes de tissus, toileries, etc., 50.
Dessication du muriate de chaux liquide, pour le convertir en muriate sec, 52.
Principales propriétés chimiques de ce muriate de chaux ainsi préparé, ibid.
Dernières considérations et remarques sur l'emploi du muriate de chaux sec, par les fabricants, les tisserands, etc. 54.
Notice chimico-géorgique, 56.
Observations concernant l'emploi du muriate de chaux en agronomie, 58.
Fluide salin végétatif, ibid.
Procédés pour employer le muriate de chaux en agriculture, 60.

FIN.

www.ingramcontent.com/pod-product-compliance
Ingram Content Group UK Ltd.
Pitfield, Milton Keynes, MK11 3LW, UK
UKHW021622260726
13994UKWH00003B/1025